猫咪心理学

了解猫咪嘴馋、话唠、发情、抱怨、夜行……
酷似人类的32个特征

〔法〕让·居维利耶 著
任 轶 译

中国出版集团
東方出版中心

图书在版编目(CIP)数据

猫咪心理学 / (法) 让·居维利耶著；任轶译. --
上海：东方出版中心, 2019.5
ISBN 978-7-5473-1446-3
Ⅰ.①猫… Ⅱ.①让… ②任… Ⅲ.①猫—动物心理学—通俗读物 Ⅳ.①B843.2-49
中国版本图书馆CIP数据核字(2019)第054750号

上海市版权局著作权合同登记：图字09-2018-093号
Psy-Chats by Jean Cuvelier

猫咪心理学

出版发行：东方出版中心
地　　址：上海市仙霞路345号
电　　话：(021) 62417400
邮政编码：200336
印　　刷：山东鸿君杰文化发展有限公司
开　　本：787mm×1092mm 1/32
字　　数：55千字
印　　张：3.75
版　　次：2019年5月第1版第1次印刷
ISBN 978-7-5473-1446-3
定　　价：29.80元

目　录

引 子：
两者幸福的秘密

猫咪和人类一样，每一只都有自己的特点，独一无二，无法替代。因为长时间与许许多多猫咪及其主人打交道，我发现它们幸福的秘密很大程度来自作为伙伴的双方的个性。如果想让伙伴关系长长久久，相似诚然能带来安全感，但还得加上因差异而产生的互补。

在本书中，我们描绘了猫咪的不同特点，以及与之相处的最佳行为方式。但是要知道，猫咪有着多重特性，它可以同时兼具嘴馋、忧虑、饶舌，或兼具嗜搜罗、喜抱怨和爱看门，就和我们人类一样。

嘴馋

嘴馋的猫咪是一眼就能辨别出的。又胖又圆的屁股，躲藏在厚厚一层脂肪下的体形和对于还未上桌的饭菜提前流露出贪吃的眼神。对它来说，贪吃通常能**补偿自然强加给它的痛苦和必须放弃乐趣的无奈：**总是待在室内，无论出于自愿或被迫而更多选择单身，母猫的生活并不总是玫瑰色的。

嘴馋的猫咪喜欢不被时尚潮流操纵的年轻女士的陪伴，她们之间相互理解并几乎有着同样的爱好。别和她们提减肥！朋友间的下午点心时刻，嘴馋的猫咪应邀去聚会吃蛋糕。猫咪知道如何做让自己的主人同意：伤感状引人爱怜的眼神，毛绒绒的、柔柔的爪子，暗示性的舔嘴唇，它的技巧是无法抵挡的。但是，还是得注意警惕肥胖症。

如果你必须要让你的猫咪减肥，最难的就是抵挡它温柔的眼神和天使般的叫声，绝对不要让步……某些猫咪，例如异国短毛猫，嗓音极具诱惑，熟知如何让主人动摇……顶住，这是为了它好！

如果一只猫的体重超过理想体重20%，就是肥胖（也就是说，对一只理想体重是4.5千克的猫，5.4千克就是肥胖）。超过这个比例，糖尿病的风险会大大增加。在吃不准的情况下，有必要去看一下兽医。简单的抽血和问诊后，解决问题的关键是要严格控制饮食，增加活动和每天皮下注射胰岛素。

发 情

所有的母猫身上都沉睡着发情的种子，根据种类不同，时间不大相同，但在一年中或多或少都会有觉醒的那一天。如果说波斯猫还算乖的话，东方短毛猫，尤其是暹罗猫是真正的发情猫。

迷人的气味、热烈的眼神，特别的摇摆屁股的方式，突然想要抓痒或打滚的欲望，故作伤感状引人爱怜的叫声，**发情猫以一切方式突显它的存在。**不管是否打扰到它的邻居。

新手猫主人，会把这些**刺耳的尖叫和奇怪的方式**误解为猫咪生病痛苦的症状……兽医经常被紧急召来为一只处于青春期末的母猫看诊，而它唯一的痛苦是寻找异性！观察所有的异性，并用争吵来俘获对方的心是它非常喜欢干的事。

它会选择最强壮的或带有迷人忧郁气息的公猫。如果没有公猫为追求它而互相推搡，它会独自在星空下不停地叫唤，烦躁不安。

在寻找爱人的过程中，**它需要一位真正的妈妈的陪伴，日日夜夜将它视为公主般地迎接，**哪怕它没有找到帅气的王子。如果，有一天王子抛弃了它（这是常有的事），猫主人还得欢欢喜喜地照顾它的猫宝宝们。

对于谨慎的猫主人来说，每个月给猫吃几次避孕丸就可以晚上睡安稳觉了。外科手术（卵巢切除术）也是可行的，但这样一来就会完全绝育。幸好，这并不影响它经常去找小区的公猫玩，但就没有什么绮丽遐思了。

BLA
BLA
BLA
BLA
BLA BLA
BLA
BLA

多嘴

某些猫话特多。通常是来自东方的猫，多嘴猫四肢细长。它一边在你身上磨蹭，一边温柔地叫着，竖起尾巴向你问好，站在门前坚持要出去。

通常来说，**它的声音越尖锐想表达的情感越积极，**声音越低沉想表达的情感越消极。声音越大想表达的情感越强烈（例如发情猫或生气猫的吊嗓子尖叫）。

多嘴的猫话多到可以使它忘记遭受的失败！**它可以挑战最孤独者的忍耐极限。**它利用和滥用言语来向你展现它的眷恋，向你要求宠爱，或者就是简单地为了说话的乐趣。它对一切事物发表意见，特别在你没有向它询问任何事情时。要是你回应它，它会打断你的话继续它徒劳的演说。

如果不是没日没夜的滥用，这种语言无节制也许还是可以接受的。无论你在工作、做饭、读书、睡觉或交谈，没有什么能让它停止说话。

对于失去伴侣的人来说，它是理想的伙伴，它需要主人的陪伴和专注的耳朵（最好有些耳聋）来更好地接纳它。

随着年纪衰老，有些猫会丧失理智，有点像人得老年痴呆症。它们会忘记空间中的参照坐标，混淆日夜。在深夜还很活跃但又找不到方向的时候，它们开始叫喊并把一家人全都吵醒。这就不是无聊的多嘴，而是一种需要医疗介入的退化性质的疾病了。

爱抱怨

瘦小？肥胖？高大？爱抱怨的猫咪没有典型的外形特征。暹罗猫、英国短毛猫、挪威猫、孟加拉猫、布偶猫、埃塞俄比亚猫、缅甸神猫……或者就是水沟旁的野猫，所有猫都会在某些时候变成爱抱怨的老手。愁眉苦脸的样子，爱抱怨的猫咪眼里只有不妥当的细节。

如果邻居的猫跑来它的花园，它不是试图交朋友，而是开始在窗户后面发出劈啪噪音；如果食堂的饭菜换了，它不是去尝尝看，而是打翻饭碗或拒绝吃饭。**微不足道的事都会令它不快。**搬家后，它开始划花新家。新买了一个沙发，它将其变成猫抓板。冰箱门关上了，它会一直叫喊直到主人把门打开。主人的朋友们稍稍打扰了，它就弄脏别人的鞋子。抚摸下手重了点，它就伸出爪子挠人……

娇气的？永远不满意的？并不完全是这样，**爱抱怨的猫咪只是要求比较高。**它需要一种如同乐谱般规律的生活，需要聆听，需要一位听它指挥的仆人：懂它，能满足它作为猫的所有要求，原谅它的小过失。

特别是不会惩罚它，因为惩罚只会将情况变得更糟糕。生活对它来说已经不是玫瑰色的，如果它唯一爱的人还疏远它，它就会崩溃。在生活中，它只要最好的东西。如果外界抗拒它，它就会啃猫绳，变得惶惶不安。在这种猫的世界里，享乐主义并不总有一席之地。

STOP

胆 小

在体态之外，人们更多是从态度上来辨别胆小的猫咪。面对危险，睁大眼睛，垂下耳朵，尾巴夹在爪子中间，身体蜷缩，**它尽一切可能规避外界的注意，**同时又准备好为保卫生命而战。

胆小的猫咪从来不冲在最前面，而喜欢与外界保持距离。陌生的客人、新的气味、咯吱作响的门都会让它飞速逃到床下、被子里或花园深处躲起来。只有猫粮相互碰撞的轻柔的声音能让它们中最胆大的那些出来，其他猫还会一直躲藏起来直到人们把它们找出来。

这种胆怯通常是源于儿时的创伤（虐待）、少年时生活在远离声音和人群的地方，或过早地离开妈妈（出生后2个月内）。

典型的例子是被妈妈遗弃的流浪猫，它们生活在废弃的厂房，被一些人虐待，被另一些人随意喂养。因此，它们必须用高超的外交技巧才能不被踢上一脚。

被朋友排斥，胆小的猫咪**需要一位可靠放心的人**来鼓励它与心魔斗争，教会它重新认识这个世界。

爱捕猎

无论是纯种的缅因猫、挪威猫、西伯利亚猫、夏特尔猫还是优秀捕手的子子孙孙们，它们都很早就被猫妈妈启蒙捕猎的技巧。能听见细微声音的耳朵、敏锐的眼神、锋利的爪子、撇开的胡子、发达的肌肉，它就是一台真正的杀戮机器。它有时会特赦它的猎物，但通常后者在逃离时已是可怜的惨状。

它比谁都起得早，在全家人醒来时它开始寻找食物。它的领地就如一口宽棺材，它的猎物在里面等待最后的时刻。**小型哺乳动物**（家鼠、田鼠、兔子……）**是它主要的猎物**（一只成年猫每天要吃12只家鼠），还有鸟类（乌鸦、麻雀、山雀……），更难捉到也更次要的是鱼类，尤其是金鱼、昆虫和小爬虫。不用填鸭式地喂饱它而剥夺了它活吞毫无抵抗能力的可怜猎物的欲望，它捕猎的本能是与生俱来的。吃得好，肌肉丰满，它拥有各种办法来达到目的。它是面包师、农民和乡屋主人的珍贵伙伴。**它需要主人能放任它自由来往并在狩猎活动中给予鼓励**，就算它自豪地叼着一只浑身是血的知更鸟放到厨房的门垫上。敏感的灵魂（狂热的鸟类学家）最好避开。

游戏能疏导家猫捕食的天性。如果家里没有老鼠，就给猫咪一些玩具（玩具老鼠、球……）或者自己做一些玩具（锡纸团成的球、香槟酒的木塞），白天和它一起玩几回。猫咪喜欢新事物，在给它玩具的同时别忘了还要定期更新玩具。

异常活跃

异常活跃的猫咪年轻而极其不理智，因经历的痛苦而集中了它这个年龄的所有缺点。被一个无能力抚养或常不在身边的妈妈遗弃，它没有学会有教养的小猫的行为规范，比如“你要管住你的爪子和獠牙，你要控制你的冲动”。它缺少这样的母爱，而正是这种母爱能带给小猫安全感。

时刻警惕，它就是一枚电池。一点点刺激就能使它开始翻筋斗，凌晨4点把玩具叼到你床上，把你的内裤偷走藏到沙发下，爬到家具上打翻小摆设，攀上窗帘，到处钻来钻去，甚至钻到冰箱或洗衣机滚筒。没有比它更令人厌倦的了！它全天候用爪子抓活物然后用獠牙把猎物吞吃。

无法自控，它总是使用武力去玩耍。从幼儿期（9周大）慢慢长大后，像妈妈一样在它鼻子上轻轻拍打是一点用都没有的。相反，只会挑起它快要熄灭的兴致。

一开始你会觉得很有趣，但很快就变得令人无法忍受，特别是它身体逐渐强壮而且干的那些蠢事不再令人觉得好笑的时候。为了疏导它的能量，**它需要一个安静的主人，禅宗态度的门徒，**能够温柔地重新调教它。人们不是说两个极端可以中和一下吗？别指望它长大就会自己安静下来。因为你越是耐心等待，它的再教育就越耗费时长和令人厌烦。

忧　郁

圆滚滚，因为不停舔身上的毛，身子都秃了，忧郁在它身上意味着紧张。忧郁，这种世纪的疾病，尤其存在于那些失去自由的家猫身上。农村的猫寻找口粮、保护儿女、保护皮肤，根本没时间胡思乱想。

唯一可捕捉的老鼠总是懒散地在客厅的地上活动，唯一可攀的树叶子全变黄，很难在这么一个小的封闭区域里表达它的魅惑。如同笼子里的狮子，**吃饭或不停洗漱**直到没了毛，**忧郁的猫咪用这种方式平静紧张的神经。**由于大量舔毛，肋部、肚子下面、大腿内侧都秃了，忧郁的猫咪不再讨人喜欢。

通常当它开始为了一点小事伸出爪子，因对猫砂不满而在家里撒尿、在墙壁上涂鸦时，主人就要意识到它的不适。主人需要很多的心理学知识以避免激烈的反应，惩罚只能加剧猫咪的忧郁。一棵漂亮的猫树、定时的游戏、通向屋顶或花园的开口、同类的气味都会让忧郁的猫咪重新找到生活的乐趣。

外激素是猫在它生活的环境中放置的化学物质。只需很少量就很活跃，外激素在情感交流上扮演重要的角色。使用一些在实验室合成的外激素能让忧郁的猫咪缓和情绪和有安全感。

爱运动

作为运动健将的后裔（欧洲短毛猫、奥西猫、热带草原猫）或者仅仅是被父母训练的街边小猫，**爱运动的猫咪体形修长苗条，总是装模作样。**

它的日程表精确到分钟。清晨起床，它开始伸展四肢，接着在休息时间，它用来洗漱放松身体。它是攀爬的高手，沿着墙和沟以猫科动物特有的自如爬到天台或二楼的窗沿。

它爱运动又灵巧，不做无用功，会在障碍物前停留几小时以选择最佳路径。爱运动的猫咪常常扮作走钢丝的演员，喜欢在教练恐惧的眼神下在沟边、阳台栏杆上散步。这是去屋顶偷着在太阳下打个盹最好的方式。运动是耗体力的。一旦午睡结束，它就会回到住处找点儿饭菜吃。

它不会有任何增加体重的风险，摄入的卡路里很快就消耗了。作为教练的得意之徒，运动猫只梦想获得国际猫敏捷锦标赛的奖牌，该赛事只限美国籍猫参加。此项模仿狗敏捷比赛的运动赛包括跳、钻圈、在主人带领下跨越障碍的项目。

除了成绩之外，对于爱运动的猫来说最重要的是在比赛期间和主人度过一段独一无二的默契时刻。

宅 家

宅家的猫咪热爱它的沙发，不会为任何事物把爪子伸出家外。相比巨大的亮光，柔和的光线更让它感到舒服。富有家族的后裔（波斯猫、苏格兰折耳猫、布偶猫……）或者仅仅是不再干坏事的街猫，**家对它来说就是妈妈的肚子，会带给它支持和安全。**在甜蜜的家中，没人能打搅它并且总是有放到嘴边的猫粮吃。

宅家猫并不是完全不合群，它喜欢与来访者打招呼来吸引一下注意，然后又回到它最爱的扶手椅上躺着。如同我们的朋友加菲猫一样，**缺乏活动解释了它肥胖的原因。**

在认识爱情之前就被绝育，宅家的猫咪对于在它家附近游荡的热情的小母猫的气味是无动于衷的。

为了激发它离开温柔小窝的欲望，得为它安置一个容易出入的猫洞，在外面放些甜食吸引它出来。**在它第一次外出时，陪伴它一起并为它警戒安全。**不然，一点可怕的东西，都会让它逃回家里，很长时间都没法再让它出门。

对于假期，不用为它准备节目，因为它只想在家度过，最好是和主人一起或者是主人找来的临时猫保姆。

优　　雅

波斯猫的优雅包括头饰和高傲步伐的自然美。深色的大圆眼睛和顽皮的小鼻子，**优雅的猫咪在它所到之处都能引发路人对它的迷恋。**优雅的猫咪直接从《一千零一夜》的童话中走出，穿着配有文艺复兴式领饰的花色精致丝质长裙，**生来就是时尚界的女王。**

它**第一次在聚光灯下登场是在1871年**伦敦水晶广场的第一届猫博会上。由于大量筛选，一些猫远离它的天性并因为过于扁平的鼻子而患有过度唉声叹气的毛病。

白天，优雅猫的时间在洗漱、吃饭和两次午休间的伸展四肢活动中度过。

安静、稳重、谨慎，优雅的猫咪知道话语是金并且很少让人听见它的声音。如同室内的装饰品，**它可以几个小时待着不动来凝视它的世界。**

虽然很美丽，但优雅猫通常有过度羞怯和缺乏自信的毛病。知道如何谨慎行事也是一种高雅的方式。**它欣赏能言善辩者的陪伴，**它酷爱赞美之词并被吸引。它也喜欢每天被抚摸和刷毛以保持它高贵的举止和自然的美丽。

好斗

很小，它就已经让妈妈吃苦头并在兄弟姐妹中成为霸王。**在童年的游戏中，它收获了第一次胜利。**随着它慢慢长大，雄性荷尔蒙开始分泌，它的性格和肌肉一样逐渐显现。

它继承了一块大领地，脑子里只有一个想法：打败所有有毛动物的入侵。**时刻保持警惕，一个声音、一种可疑的气味都会让它立刻上场去视察它的领地。**对于它来说，威慑胜于冲突。为了让任何人都不敢无视它的存在，它用爪子和气味在领地的战略地点都做上标记。

但是守卫领地不会没有碰撞。当战斗无法避免时，它带着所有的恼怒和顽强去面对那个敢于挑衅它的冒失鬼。它**时常会受伤**和感染。它回到家中自我疗伤。脸上受伤了，是因为它直面对手。尾巴受伤了，则是因为它选择逃跑而不是对抗。勇敢但不鲁莽，爱争斗的公猫懂得承认对手的实力。

面对兽医，它表现得耐心而有魅力，它知道去宠物诊所是为了它好。**对于为它提供援助的主人，它要注意好好珍惜，**因为太多次的打架或离家出走可能会让它身体的某些特征消失。是的，治疗一只太爱争斗的猫最好的办法就是阉割。

阉割是指手术切除睾丸。手术大约在6－7个月大时进行。手术能消除尿骚味、性本能、性尿标记，减少离家出走和打斗。

私人领地

苛 求

独一无二，要求苛刻的猫咪生下来篮子里就有一盒三星级美食。**纯粹的消费社会的产物，**它只要最好的。为它准备食物是困难的，如果不合它口味，有一点不新鲜或者放在它不喜欢的碗里，它都会用爪子轻蔑地推开。它有众多要求，而通常主人会给予它更多。**它的嗅觉是可靠的。**不要想在它的猫粮里藏一粒药片，它马上会找出来并打翻盘子以示不满。新鲜事物会吸引它，但很快它就厌倦了。

洁癖，如果猫砂的牌子换了，不合它的要求或没有放在通常放的地方，它就拒绝放爪子进去。为了表现它的不满，它会毫不犹豫地去别处大小便。

有点专制，如果它有点小饿或突然想视察它的领地，它会没有丝毫不安地在清晨吵醒主人，不断轻轻咬他的脚趾或狂舞乱跳。

它梦想有一位理想的主人，在它表达意愿之前就能**全部满足它。**千万别中了它的招或成为它的奴隶。当它滥用你的亲切时你要装作听不见，它就会很快明白不可逾越的底线。人类对于猫的关心是有限度的，要求苛刻的公猫必须了解这一点。

勇 敢

“有一颗勇敢的心，没有什么是不可能的”，这是它的格言。狮子猫、缅因猫、北美洲短毛猫或者普通农场的猫，勇敢的猫咪有着田径运动员的体格。**年轻、勇敢、面对危险坚定而毫无意识，**只要游戏能稍微给它点甜头它就冲在前面。看到一只在树上的鸟，它不思考一会儿如何下来就先爬上去追逐。必须说有着**丰满肌肉的大腿和如刀般尖利的爪子，攀爬对它来说就是小儿游戏。**但是，下来就比较棘手，它的爪子没法帮助它减速下降。勇敢让它毫无畏惧，好奇战胜谨慎。

勇敢的猫咪机灵地探索着四周环境。每个房间都是充满宝藏的阿里巴巴的山洞。**它跳上厨房的工作台，差点被电炉烫伤了爪子。**它跑上客厅的碗柜，离开时打碎了一个小摆设，它探查洗衣机的滚筒，差点儿被关在里面。

在外面，**它不满足于自己的领地，**因为喜欢新鲜，它跑去探索邻居的领地，差点儿引发战争。为了它的幸福和安全，必须有一位主人能给予它安全的环境，疏导它过度的精力，和它一起游戏并让它出去玩，从而满足它的冒险欲望。**别忘了买一份好的健康保险，**对于主人和猫来说，必须要谨慎。

兽医的费用有时会加重预算负担，特别是在没有预先考虑的情况下。为了能保持平静的心情，记得给猫买保险，特别是如果猫要去外面玩的话。在瑞典，80%的陪伴型动物都上了保险，而法国只有4%。

猎艳

所有的公猫，无论贵贱，都潜伏着一颗寻求艳遇的心，只要兽医没有在青春期前切除它的男性器官。从6－8个月大起，荷尔蒙激素上涨不可抑制地促使它用充满外激素的尿液在家里的墙上、花园的树上洒上“香味”来吸引街区的处女猫。

春天是它的发情季节。白天变长，小母猫们都出来等待它们的情人。爱猎艳的猫带上外激素的“香味”和对征服的渴望，把自己磨练得像刀剑那么快。它只需偶遇一只小母猫就会失去理智。**准备好战斗以达到目的，猎艳的猫是整个猫界**甚至是动物界的**恐怖分子。**它在爱情中是放纵的，没有节操、没有礼貌，刚被满足就去寻找下一只母猫。它不会为子女着想也不会为等着它的对手而担心。

失踪了一些天，当它再回来时通常是受伤了。饥饿而疲惫，它得到主人张开双臂的迎接，终于看见它回来，主人很宽慰。一旦恢复，在满月之时它又出走去找它的美母猫。但是主人的耐心是有限的。

由于多次夜间溜走，可能某一天早晨就被手术刀一刀阉割，它永远地从对母猫的情欲中解脱了。

黏　人

很早就混迹在人群中，黏人的猫没感受过猫家族温柔的热情。通常出生时就被父母抛弃，刚断奶就被扔在街上，**被有奉献精神的主人用奶瓶养大，**它因此无法割断与救助它的主人间的情感纽带。相反地，通常在两个月大时，猫妈妈会把小猫推出去，让它们自己寻生活。黏人的缺点是由主人和猫咪一起造成的。

对于都是单身的主人和猫来说，有一只黏人的猫并不是只有缺点，例如要和主人睡在一起，相互搂抱，拱在被子下亲吻。**黏人的猫咪没有能力独立自主，完全依赖它的恩人，**一刻都形影不离，它不接受一扇门将它和主人隔开。推开它，它会抛来悲伤的眼神："你怎么能拒绝如此的深情厚爱呢？"**它像一名真正的贴身保镖，眼睛一刻都不离开唯一的目标，到处跟着，**就算是浴室或厕所。在一个高大强壮的身体里隐藏着喜欢吃奶的小宝宝，虽然它早已长牙。

只要它单独待着，就会忧郁。为了治疗它的不适，它会叫喊出它的失望，不停洗漱直到把毛都舔掉，啃秃指甲或吃撑自己的胃。

为了避免到达这一步，最好是给孤儿猫一个养母或逐渐实施分离，用游戏代替爱抚，当它过于打扰时有分寸地推开它。最困难的是抵挡它温柔的冲击！

出口
进口
求偶狂

求偶狂

患求偶狂症不是猫界的疾病，而是辨认暹罗猫及其类似种类（东方猫、巴厘猫、文华猫、缅甸猫）的标志。对于猫来说，皮毛的长度与其克制程度成正比。

猫和人是异常相似的。因此，与冷淡而谨慎的表亲波斯猫不同，**暹罗猫非常早熟**——在4－6个月大就会第一次发情，在一年中有超过10个月每15天就发情一次。**只有怀孕会终止这一可怕的周期。**一旦你冒失地让迷人的求偶狂猫出门，它很快会怀孕。事实上，母猫通过交配引发排卵，一旦有“行为的偏差”就会怀孕。

暹罗母猫感情非常外露，千方百计吸引公猫。喵喵叫、打滚、摩擦、屁股左右摇摆、用尿作记号，各种方式都是为了吸引异性，也是为了唤醒它亲近的人甚至是邻居。深远而低沉的声音带着能穿透鼓膜、极易辨认的转调。**不要等待可能的绝经期来让求偶狂猫安静下来，**绝经在猫界中根本不存在。

显然，除了饲养者之外，没有人能在连续一周失眠后忍受这样的爱情冲击。求偶狂猫很快被送上点亮的手术台，没有公猫，只有兽医的无影灯。

幼　稚

幼稚的猫咪不是完全的小猫也不是完全的成年猫，而是在两者间徘徊。它是**令鸟类和其他啮齿动物害怕的霸王，**但一旦回到住所面对主人妈妈就重拾小猫的行为。靠着主人蜷缩成一团，吸她的毛衣、手指或耳垂。东方猫的品种，特别是**暹罗猫和缅甸猫，有吮吸所有物质**（羊毛、合成纤维、塑料、头发）**的令人讨厌的怪癖。**有时它们还会把吮吸的东西吞下去，引发消化紊乱甚至消化阻塞。

在睡着梦见它消失的妈妈之前，**它会把两只前爪先后伸到主人的肚子上。**这样深受人类喜爱的小仪式，通常被称作“踩奶”，能让它回想起轻揉着妈妈的乳房喝奶的时光。

坚持这种幼稚行为有时是因为它在**两个月大之前与妈妈突然分离，**也可能是它寻求缓解忧郁状态的后果。

只要这样的亲密时光是偶尔有之的，就没什么可担心。因为**对于主人来说，作为“猫妈妈”没有比爱它和理解它更美好的事情。**

守门

守门猫有点丰满，坐在窗户后面舒适的坐垫上，戒备的眼神，撇开的胡子，**警惕地观察在它领地上来来往往的人。**它通常来自本街区，选择自己的住所后并不会为了一点小事就辞职不干。**它只有在巡视房子或吃饭时才会离开观察者的岗位。**楼里的所有人都认识它，它只需要在门口叫喊就会有和蔼的门卫答应它的请求。

它是灵敏的心理学家，只需几分钟就能判断要和谁打交道。和朋友一起，它非常感性，它喜欢和它们聊天，磨蹭它们以示友好同时也为了用它的气味做记号。对于敌人，它毫不留情，尤其是那些不尊重它“领土权”的家伙，和那些在它的地盘撒尿的坏蛋。对它来说，这就是宣战。

它只要看见窗前有一个敢于蔑视它的家伙，就会马上失去自制力。**看见它牙齿咯咯作响，就能很容易猜到它的烦躁不安，**尤其是它没法出去向对手说明心底的想法。最好让它安静下来，否则它就会用爪子抓人。

当然，**有时它会偷偷在椅子上小憩一会，**但都是在非高峰时间，不会影响它的工作。不要和它谈论假期，**它不会为任何事离开它的街区。**它太害怕失去自己的地位！

矫情

无论是高级贵族猫还是平民猫，矫揉造作的猫咪有从妈妈那里遗传来或随着时间自己学来的怪癖。它喜欢喝温度适宜的水。**它只喝自来水**以确保水是凉爽新鲜的。矫揉造作的猫咪爱打扮。它的时间不是用来玩耍或休息，而是用来保养它的“裙子”。**它的矫情有大有小。**洗漱时，它不满足于用爪子在脸上摸摸；为了有一身无懈可击的毛，它会事先一丝不苟地舔爪子，就好像爪子是洗脸手套一样。

矫揉造作的猫咪是矫情的。它只在干净的便盆大小便，出来时它会摇摆爪子只为了抖掉小肉垫中的一点猫砂，因为那能表明它去上过厕所的。对于矫揉造作的猫咪，上厕所是要悄悄进行的。这意味着不能把便盆放在饭盆对面，不然它会去其他地方大小便或者拒绝吃饭。

矫揉造作的猫咪喜欢精致的饭菜。如果主人给它吃隔夜菜，它就会用爪子推开或打翻，来让主人明白饭菜没达到要求。**对于碗碟的质地，它也是有要求的。**如果碟子不合它的品味，它就用爪子抓出猫粮在地上吃。

其实，矫揉造作的猫咪只是有着贵族猫的举止。

爱涂鸦

爱涂鸦的猫咪有着锋利的爪子，**人们无法阻止爱涂鸦的猫咪在它领地所有可见的载体上留下印记的乐趣：视觉的（爪印）或嗅觉的（外激素）。**在乡下，抓树干或电线杆不打扰任何人，而在城市，尤其是住在室内的猫，抓皮质沙发、路易十四时期的安乐椅或吃掉中国宣纸就马上会造成与主人间的紧张状态。

在视它为耻之前，要知道**对于所有家猫来说涂鸦是自然的行为。**

某些猫满足于给它们的猫抓板，另一些却不一样，如与妈妈过早分离或无法独居引起的忧郁，搬家、外出通道的取消、狗的到来、邻居家新猫的到来、与同类不融洽的共居、猫数量过多，就会让它像失去正确指引的青少年一样，热情地引发它涂鸦的才能。总之不要惩罚它，否则只会加重它的焦虑。

为了使爱涂鸦的猫咪安心，可在它抓过的地方放几周的安抚外激素（Feliway，舒缓猫咪情绪专用镇静喷剂）。在它经过的地方或休息处附近放置牢固垂直的猫咪表达壁板。这样一来，你就不会再将猫涂鸦视作损害而是猫咪交流的艺术表达。如果你的猫咪不需要爬树，你也可以为它装备一副软塑料的护爪。这种小罩子有各种尺码各种颜色（透明、黑色、蓝色、红色、粉色、紫色）。这样就可以让猫爪子的指甲和猫主人和谐共处。

爱收集

爱收集的猫咪是有偷窃癖的。并不那么贪食，**它看中的是日常的物件。**总是伺机攫取，它利用你转身的机会翻你的包，拿出你的钥匙、手机、围巾、香烟盒、小玩偶或者10欧元纸币。爱收集的猫咪并不利欲熏心，而是因为钱有着好闻的香味。

有一些兴趣没那么广泛且有点恋物癖的猫只收集从脏衣物篮或直接从抽屉里偷来的**内衣。**对于猫来说，打开抽屉太容易了，只需像打开猫粮盒子一样。另一些还会去邻居家偷东西。

小偷猫，一种产于加利福尼亚的“贼猫”，3年内干了600起小偷小摸。一旦拿到手，物品要么在远离主人的地方被仔细地撕碎（这就是没有玩具的坏处），要么被藏在衣柜后面，要么重新交还主人以期换取奖励。

就算爱收集的猫咪厚脸皮，你也给它点奖赏。这样你会避免到处去找被猫藏起来的东西。**更令人不爽的是爱收集的猫咪去邻居家偷东西，**特别是当它把邻居诱人的内衣带回来时！在适当的情况下，你得很有心理学技巧地去和邻居夫妇解释，你是如何得到这些内衣的！

懒　散

懒散的猫咪培养其佛系的处世之道。在所有猫已经开始捕猎的时候，懒散猫在起身吃饭菜之前开始伸展四肢。吃饱喝足了，它回到取暖器上最喜欢的坐垫上一边懒洋洋地晒太阳一边观察着它的领地。如同一位懒惰的国王，在两次小憩之间**躺在床上花几个小时注视它的世界，**不动一根胡须或睫毛。

在沙发的资深爱好者中，极其柔软的布偶猫、耳朵向前合拢的苏格兰短毛猫和以美貌出名的缅甸神猫是名列前茅的。

它捕猎和守护领地的本能好像已经消失。鸟、老鼠、蝴蝶、邻居家来嘲弄的猫，它都完全不放在眼中，视它们为最近玩过的玩具。它们可以无需害怕地在懒散猫面前安静地散步。后者对版图游戏**毫不在意。**只有在主人坚持用鱼竿线吊了根羽毛或把软木塞放在它鼻子前才会动一动。但只是为了清静，活动**每天不超过2分钟。**

唯一能让它活动的方法是把它的低脂猫粮（至少能避免肥胖）藏在桶里，它必须把桶滚起来才能拿出猫粮。是的，懒散的公猫就算不怎么卖力，但也不能只是靠爱和清凉的水活着。

夜猫子

爱夜间活动的猫咪在黑夜降临在沉睡的世界时醒来。对它来说，**没有比在明月下追逐老鼠更刺激的事。**因为它有着不会错过一小块亮光的瞳孔和无比敏感的视网膜，猫在星光下看东西就如同在大白天一样。

这也是在屋顶或花园相遇的最佳时刻，尤其是春天小母猫会出来寻找灵魂伴侣。**和夜猫子相处唯一的缺点是，你不知道它何时回来。**只要地上有许多猎物，或它和小伙伴聊天，抑或是花言巧语诓骗漂亮小母猫，它就会在外过一整宿。你却几个小时迟迟不睡等待它的归来，想象着最坏的情况：车祸、中毒、绑架、离家出走……当它终于回来时，**你是那么开心地听见猫洞的叮叮声**而不敢对它作出一点指责，就算它被同类、邻居家的狗或开得太快的汽车撞了一下。相反，你会好好照顾它并会在大半夜请兽医来家里救治它。

让爱夜间活动的猫咪留在家里的方法是为它安放一个带自动计时的猫洞，从某一时刻起就不允许它外出。一旦晚饭后回到猫洞里，资深夜猫子就不能出去。你可以为它提供一些娱乐以让它忘掉小伙伴们，比如允许它和你一起睡。这也许是消除夜视症猫咪去别处寻找爱人的欲望的最佳方法。

猫咪俱乐部
私人俱乐部

4:15

早　起

早起的猫咪头脑中有一个时钟。在太阳还在犹犹豫豫放射光芒、乌鸦啁啾鸣叫时，它就重拾了生活的品味。因为还能模糊记起祖先必须在田野奔跑捕食以填饱肚子的场景，**早起的猫咪就算吃得很好也喜欢在田野覆盖露水之时跑遍它的领地。**起太早的缺点是它不能悄悄轻易地离开主人的房子，特别是和主人睡在一起时。唯一的办法就是把主人弄醒。所有的方式都是可行的：舔耳垂、跳到被子上、抓门或者在耳边轻声细语。**这样的小仪式开始还令人惬意，很快就让主人厌倦，**因为睡意已经成为他久远的记忆。

解决的方案在于给早起猫留一扇开的门和安置一个猫洞能让它随意进出。如果你不想让它到处溜达，**为它开辟一块游戏场地**并准备一些开胃小食以满足它早上活动的需要。避免给它太吵的玩具以防被惊醒。

一旦它吃过早饭，在领地转了一圈并做了早操，祈祷你的猫不会跑到你床上**睡回笼觉又一次吵醒你！**

不　忠

不忠的猫有着双重生活。悄悄地，什么都不告诉你，它开始在白天溜到为它准备了美味小食和亲热抚爱的隔壁邻居家。一开始，你宽容接受了它的小出轨，接下来有一天它就夜不归宿了。这突破了你的底线，你准备强行把它抓回来，同时对邻居表达赞美之情。别那么干，这样只会让情况变坏，而且也不会由此找回猫的眷恋。

不忠但不是背信弃义的，不忠的猫希望通过它的态度向你传递信息。想一想促使它离家的原因是什么？原因有多重：你床上的爱人、新的四条腿宠物、独占你所有时间的婴儿、让你没空陪它玩和爱抚它的异常忙碌的工作安排、有待改进的厨艺……如此多的理由，当然还有其他的，促使它跑去其他地方。

那么开始重新找回一开始的热情，如果虽然努力了，你的猫还是不愿意离开新的主人，别把这当成悲剧。**在不忠这个方面，猫有着理性所无法解释的理由！**完全不是物质追求者，它不会回来向你要求生活费。**对你来说，重要的是知道它过得幸福，不是吗？**

致恶魔

小偷小摸

小偷猫从不会放过任何一个在它眼皮下的好机会。鸡肉、火腿、领带、披萨、巧克力面包、牛油果、生菜、四季豆……**当受到饥饿折磨时，小偷猫几乎变成素食主义者。**在厨房的工作台上，在垃圾桶里，甚至在你眼皮下的盘子里，小骗子毫不犹豫地在它力所能及之处拿取食物。别责怪它。

在猫的法律中，偷窃是不存在的。这显然只是为了繁衍后代、保证生存，而耍耍小无赖。但是，盗贼承认，通常只是为了改善日常而将别人的东西占为己有。它辩护说，给予它的食物——干猫粮或冰冷的工业肉泥完全没法和**某些**人类享用的**美味——能让它回忆起以往捕捉的战利品**相比。这就是必须自私的原因。

为了打消小坏蛋小偷小摸的念头，早晚各为它提供高级肉泥、剩下时间给它超高级的猫粮。如果你撞到它现行犯罪，贿赂它或扔给它一个小东西。当你不在家时，把放食物的柜子贴上双面胶条以防它攀爬。猫很害怕把它娇嫩的爪子放在胶布上。但是最简单的还是**把没吃的食物放进柜子或冰箱里，不去引诱它。**但这个办法有点冷酷。

为了猫的乐趣，时不时放任你可爱的小捣蛋鬼享受偷一条粉色领带或一块你有意落在桌上的牛肉所带来的负罪快感。

爱啃食

无论年轻、年老、纯种或野种，**猫天生就是啃食动物：它整天都在吃零食。**一会儿是满嘴的肉泥，一会儿是猫粮，如果它没东西在嘴里，就开始磨蹭你直到你同意给予欠它的食物。**啃食猫可以一天吃16顿饭。**对于一天早中晚吃三顿的人类来说，这行为是奇怪的，但对于猫来说却一点都不。**回溯到遥远的古埃及时期，**因为有上帝的赐福，猫捕捉12只左右的老鼠或其他小猎物以填饱肚子。

啃食猫却不一定肥胖，因为它继承了祖先**调节食物剂量的能力。**但是，对于某一些猫，绝育、宅家、随意获取丰盛的食物会有打破这一平衡的危险。

如果你的猫是啃食者而你**又希望它保持身材，那就为它提供**罐装或保鲜袋装的**湿食物，**因为水会增加配给量的体积并减少摄入食物。带水的丰盛食物的能量密度也比干食物要小，**过饱感很快出现而能量摄入却减少。**如果你不是经常在家，也可以早晚提供湿食物，剩下时间在关键的地方藏一些猫粮。在你不在家时，啃食猫把食物找出来会给它机灵的快感。

理想的方法是：对于一只4千克的猫，早晚共提供75克的湿食物，在你不在家时，在房子的各处分散放约20克的猫粮。

目标
早餐
备用餐
野餐
早午餐
快餐
点心
晚餐
夜宵
100%
50%
20%
0

凶悍

凶悍的猫，是**“爱之深、责之切”的爱人。**它一开始是磨蹭你、摇动尾巴来讨你欢心，然后不经你同意就跳上你的膝盖发出满足的呼噜声，接着当你刚开始爱抚它回应它的亲近时，突然它就给了一爪或咬你的手直接终止前面的亲近行为。是的，如果说爱抚从没把老虎变成猫，但可以把猫变成老虎。

这一很令人惊讶的态度并不只在大形猫中碰到，比如热带草原猫，**在所有童年时缺乏人类爱抚、**被虐待和忧郁的**小猫咪**中都存在。

面对凶悍的猫，最好的态度是从不强行接触它，一旦它表现出**恼火（停止呼噜声、开始用尾巴鞭打、绷紧、竖起毛、耷拉耳朵或眼睛变黑）**就停止所有亲近行为。避免把手放在它的肚子和尾巴下部。

这些不合适的亲近很难被猫容忍。**更好的方式是抚摸它的脸颊、下巴下面、脖子和耳后。**这些部位有丰富的激素分泌腺，是它喜欢磨蹭以留下其气味的地方。随着时间的推移，也许你能延长爱抚的时间而不引发凶悍猫的愤怒。

不爱干净

不爱干净的猫咪并不是真的邋遢。**它不用厕所，**是因为和人类一样有**各种各样正当理由**：泌尿疾病导致无法克制排尿欲望，厕所不适合它（维护不当、地点不好、不舒适……），为了吸引小母猫，因为紧张而希望用它喜欢的气味熏墙以改善家里的气氛。

在气味方面，人和猫的品味是完全不同的，但是原则是一致的。人类会夸张地涂香水来吸引异性，猫则满足于用几滴尿。人类用花的熏香来改善新家的气氛，**猫不适应新环境就在角落撒尿。**这个方法更环保，但不是总让周围人喜欢。**为了打消它用尿熏味的欲望，**可以在脏房间里**接通安抚外激素扩散器**或者在标记上喷上同样的外激素喷雾。如果还不够，就去咨询兽医。注意，就算当场抓住也**永远不要直接惩罚**不爱干净的猫，不要强制把它放到猫砂上：如果这样，你只会让事情变得更糟。

最后，在收容街区所有的流浪猫之前要明白：同一屋檐下如果超过10只猫，肮脏的危险是100%。智者一言足已。

爱捣蛋

爱捣蛋的猫咪是冒险者。它总是外出，除了雷暴雨和邻居家的狗没有谁能阻止它。**它很强壮。**它总是第一个冲出去打架，身上总布满伤痕。**爱捣蛋的猫咪总是晚睡。**它喜欢去夜间老鼠闲荡的地方，半夜才回家，有时还有点微醉。**它没有教养。**出去时它把猫洞弄得咯咯作响，夜间大声喧哗——所到之处谁都别想睡了，在小便池外撒尿——是它表明其存在的方式，**饿时发牢骚，**不然就自己取食物，**不相信任何权威，**除了来自上天的。

爱捣蛋的猫咪有一个自己的王国。它走遍四周，驱逐外人。它是**追女高手。**在小母猫后追逐，就算常被打一耙或被倒一脸水。**爱捣蛋的猫咪是懒惰的。**当其他猫活动时它在休息——这很正常，别人在睡觉时它醒着。**它喜欢让人供养，**街区的老女人会给它美味的小食。**爱捣蛋的猫咪是花花公子。**它有着漂亮的胡须、长长的尾巴，但因为常去可疑的地方身上布满虱子。

爱捣蛋的猫咪是流浪汉。它终将有一天会被送到认领处。幸运的是，它身上有花纹，这是其魅力之所在，也是它的身份象征和找回它最好的方法。

嫉妒心强

嫉妒心强的猫咪是排他的。每天它都需要爱的证明。爱抚、游戏、小食，**所有这些友爱的标志让它安心并增进它对你的爱。**嫉妒心强的猫咪不愿意和任何人分享你深情的眼神。

它很多疑，你刚回到家，它就来闻你以了解你所到之处。得益于它超强的嗅觉，它不会漏掉任何东西。你无需证明，因为闻到最轻微的猫的气味，它就会整晚摆架子让你感受到不满。更惨的是，**如果你的包上不幸有外人的气味，它会**在你的眼皮下在包上撒尿以把别人**的气味覆盖掉。**嫉妒心强的猫咪透过一面变形镜子看真实的世界，这面镜子能把普通气味变成迫近的威胁。

钟情于你胜过它的领地**一百倍，**嫉妒心强的猫咪希望你只被它控制，而不是被任何其他或大或小的人类或动物。

最让嫉妒心强的猫咪抓狂的是你敢把晚上征服了的对象带回家。**它不想与他人分享爱和服务。**对它来说，不可能让别人分享你的被窝。它会毫不犹豫地在上面吐口水，甚至如果那个男人敢亲你的话就会遭到身体袭击。如果在它的警告之后，你还是让它睡了沙发，它就会在你一夜情的情人鞋子里撒尿。但如果有一天，你那嫉妒心强的猫来爱抚你的新朋友，你会肯定地知道你拥有的是一颗稀罕的“珍珠”。

结论：猫教会我们的睿智

与猫咪和谐生活是我们一直所向往的。活着就是幸福，这是猫咪试图教会我们的。但人的天性和猫的是不一样的。和猫幸福相处的道路要通过了解自我，也了解猫才能达到，因为尊重自我和同伴是必不可少的条件。

《认识你自己》

我家猫咪的性格笔记